爆笑化学江湖

化学材料开宗立派

王冶——著绘

中信出版集团｜北

U0160749

图书在版编目（CIP）数据

化学材料开宗立派/王冶著绘. -- 北京：中信出
版社，2024.4（2024.10重印）
（爆笑化学江湖）
ISBN 978-7-5217-5736-1

Ⅰ.①化… Ⅱ.①王… Ⅲ.①化学－少儿读物 Ⅳ.
① O6-49

中国国家版本馆 CIP 数据核字 (2023) 第 086879 号

化学材料开宗立派
（爆笑化学江湖）

著 绘 者：王冶
出版发行：中信出版集团股份有限公司
　　　　　（北京市朝阳区东三环北路27号嘉铭中心　邮编　100020）
承 印 者：北京尚唐印刷包装有限公司

开　　本：787mm×1092mm　1/16　　印　　张：38　　　字　　数：1000千字
版　　次：2024年4月第1版　　　　　印　　次：2024年10月第3次印刷
书　　号：ISBN 978-7-5217-5736-1
定　　价：140.00元（全10册）

出　　品：中信儿童书店
图书策划：喜阅童书　　　　　　　　策划编辑：朱启铭 由蕾 史曼菲
责任编辑：房阳　　　　　　　　　　营　　销：中信童书营销中心
封面设计：姜婷　　　　　　　　　　内文排版：杨兴艳

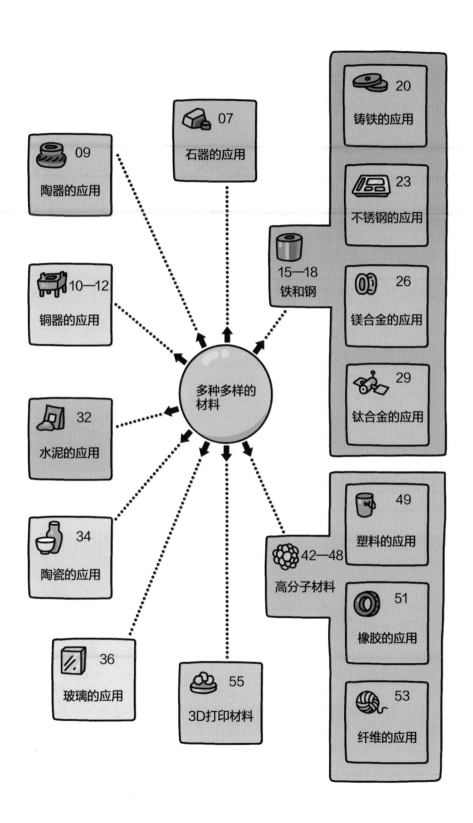

看，我买了一面盾，卖家说了，这是世界上最结实的盾。

我买了一支矛，卖家也说了，这是世界上最尖利的矛。

那咱俩碰一下试试，看看谁的更厉害！

试试就试试，来吧！

嗖！

您二位需要些什么？我们这里集材料研发和生产于一体。

我想要一件锋利的兵器。

我想要一套坚固的盔甲。

想用什么材料打造，想好了吗？

这个……

我们还没想好，这方面的知识我们还不太懂。

那我先给你们介绍一下材料的相关知识吧，然后你们再做决定。

好呀！

石材是人类最早使用的材料。

遍地都是。

巴西的森林里有一种卷尾猴。

咣！

这些猴子会使用石头来砸碎坚果坚硬的果壳，吃里面的果仁。

我也来试试。

咚！

呀！砸到土里了。

连猴子都知道，砸的时候下面要垫一块石头！

你难道还没猴子聪明吗？

这块石头有没有用？

那要看它是什么石材。

花岗岩

主要成分是二氧化硅。在建筑工程中常常用到，如用于墙壁和柱子。

石灰岩

主要成分是碳酸钙，是制造石灰、水泥、玻璃的原料。

大理岩

主要成分是碳酸钙，主要用作装饰材料，例如墙面砖和地面砖。

砂岩

主要成分是二氧化硅，可用于雕刻和装饰，例如浮雕和罗马柱。

在距今约 260 万年至 1 万年的这个时期内，世界上不同地区的人已经可以制作出一些简单的石制工具来改善他们的生活，这一时期称为旧石器时代。

你要来试试吗？

我怕割到手！

燧石（火石）
质地坚硬，破碎后边缘十分锋利。

原始人用燧石片来切割食物。

这个我可以，你歇会儿，我来磨。

玄武岩
坚硬、耐磨，主要成分是二氧化硅。

人们用玄武岩来研磨食物或工具。

1974 年，西安的几个农民在打水井的时候，偶然发现了一些陶俑残片。

挖出了陶俑。

后来由专业的考古队进行发掘，埋在地下千年的秦始皇陵陶兵马俑得以重见天日。

目前已经发掘出来的兵马俑数量约为 8000 个。

我这块地，底下据说也有宝贝！

那我俩挖了啊！

什么都没有啊！

好累呀！

感谢二位替我挖的菜窖。

你不是说有宝贝吗?

周口店北京人遗址是世界上出土古人类遗骨和遗迹最丰富的遗址,这些生活在距今约 70 万年 ~23 万年前的古人,会用石制的工具,还会使用天然火。

燧石碰撞会产生火花,火花引燃可燃物就可以得到火。

产生了火花?

我把火带回来了。

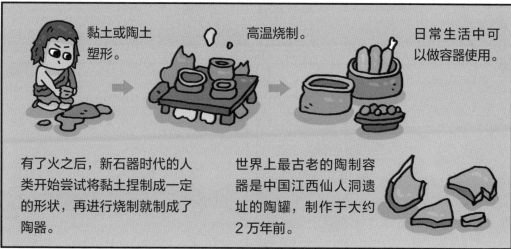

黏土或陶土塑形。

高温烧制。

日常生活中可以做容器使用。

有了火之后,新石器时代的人类开始尝试将黏土捏制成一定的形状,再进行烧制就制成了陶器。

世界上最古老的陶制容器是中国江西仙人洞遗址的陶罐,制作于大约 2 万年前。

孔雀石是含铜量较高的铜矿石。

人们在寻找石料加工石器和采陶土烧制陶器的过程中发现了铜矿石，运用烧陶的方法进行铜矿石的冶炼。

黄铜片

黄铜圆环

青铜刀

世界上最古老的冶炼黄铜被发现于中国陕西省临潼的姜寨遗址，距今已有 6600 多年。

世界上最古老的青铜刀出土于中国甘肃省马家窑文化遗址，距今已有 5000 多年。

中国商代与西周时期的青铜器铸造工艺已经非常成熟。

第一步 用陶土制作出鼎的模。

第二步 根据模制作出外面的范。

后母戊鼎是目前已知中国古代最重的青铜器，重达 832.84 千克，铸造所用的原料超过 1 吨。

第八步 打磨修整，安装鼎耳。

第七步 脱范。除去鼎的内范和外范。

第四步 炼制青铜。其中包含铜、锡、铅等金属。

第三步 将模刮去一层泥，把模制成内范。将内范和外范烧制成陶范。

凉得好慢呀！

第六步 冷却。

第五步 浇铸铜液。浇铸的时候陶范是倒置的，青铜液从鼎脚灌进去。

不知道。

陨石的特点你们知道吗?

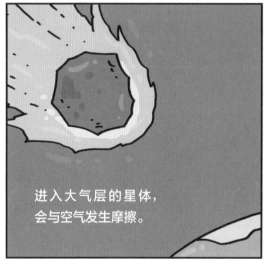

进入大气层的星体,会与空气发生摩擦。

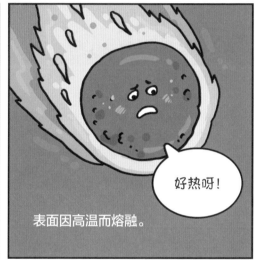

好热呀!

表面因高温而熔融。

落地后,陨星表面会形成融壳和气印。外形变得圆滑。

你们看,这些特点体现得多明显。

老板,你这块陨石怎么卖的,多少钱?

石质陨星称为陨石。铁质陨星称为陨铁,人类对铁的发现最早就源于陨铁,陨铁的主要组成元素有铁、镍、等金属。

人们在开采铜矿石的过程中，逐渐发现了一些铁矿石。

这些石头能不能像铜矿石一样拿来炼呢？

磁铁矿　　赤铁矿　　菱铁矿

自然铜　　黄铜矿　　孔雀石

常见的铁矿石有磁铁矿、赤铁矿、菱铁矿等。常见的铜矿石有自然铜、黄铜矿、孔雀石。

看看炼出来的会是什么。

由于冶炼青铜器积累了丰富的经验，所以古人们很容易就掌握了炼铁的技术。

果然杂质被锻打出去，脸就变得干净了！

但是我感觉脸大了！

春秋战国时期，中国的炼铁技术已经全球领先，甚至还掌握了炼钢技术。

西汉时期，中国的炒钢技术已经较成熟，即把生铁加热成液体之后，加入矿石粉不断搅拌，使其中的碳和杂质氧化，最后得到钢或者熟铁。这种技术的发明比欧洲早了近 2000 年。

炒钢可比炒菜累多了啊！

你这么一说，我都饿了。

熟铁	钢	生铁
含碳量低于 0.02%	含碳量为 0.05%~2%	含碳量超过 2.11%

铁比铜坚固耐用，用铁打造的农具和兵器也更加高效。人类社会随着化学材料的开发继续向前推进，由奴隶社会进入封建社会。

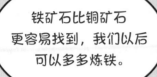

铁矿石比铜矿石更容易找到，我们以后可以多多炼铁。

目前，世界上出土的最早的冶炼铁器是出土于土耳其的铜柄铁刃匕首，距今已有 4500 年。

中国目前发现的最早的冶炼铁器是出土于甘肃省临潭县磨沟遗址的两块铁条，距今已有 3000 多年。

碳

铁

硅

铸铁是以铁、碳、硅等
元素为主的铁碳合金，
含碳量大于 2.11%。

窨井的井盖是生活中常
见的铸铁制品。

自来水

电力

污水

铸铁井盖坚固耐磨，耐磨
是因为其中含有石墨。铸
铁的含碳量高，在浇铸的
时候流动性强，可以很好
地表现出印模上的纹路和
文字，这样便于让人分辨
出井的类型。

停下来，危险！

喂！
城建服务热线吗?
这里丢失了一个
井盖。

遇到井盖丢失的情况，应该做好标记，
提醒他人注意安全。

铁城，我们已经攻下了，现在进攻钢城！氧气士兵们，冲啊！

将军，钢城太坚固了！攻不破呀！

撞了之后几乎没有痕迹。

那我们就等着，马上就要下雨了，遇到雨水，这座城就不会那么坚固了。

下雨了，你的钢城能扛得住吗？

没关系，我们的城砖都包有一层铬。根本不怕水分和氧气的腐蚀。

我们围住钢城，直到它们腐蚀生锈，一定会有那一天的。

钢城的耐腐蚀性，超出你们的想象。

将军，我们还要围多久？

不围了，撤退吧。我们已经老了。等不起呀。

不锈钢耐腐蚀、不易生锈，是由铬、镍、硅、钼、铜、钛、氮等成分组成的合金，含铬量至少为 12.5%。

我真帅！

离我们远点！

冲冲就干净了。

由不锈钢制成的不锈钢餐盘，表面十分光滑。它不生锈，耐腐蚀，还不容易滋生细菌，非常结实耐用。

真锋利。

医生使用的手术刀大部分都是由不锈钢制成的。手术刀中含有镍元素，所以有极强的防腐蚀能力，韧性高。

胸口碎大石！

哇！好厉害！

危险动作，请勿模仿。

咣！

这有什么厉害的呀！

你是谁啊？

我是镁合金。
我的抗冲击性非常强，减震性是铝的一百倍，是钛合金的三百至五百倍。

上百吨的飞机我都扛得住，飞机轮毂就是用我做的。

铝　　钛合金

您比我俩厉害多了！

镁合金

镁合金被称为"贵族金属"，因为镁合金有很多超越其他金属材料的优点。

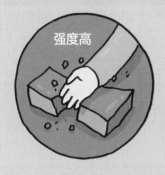
强度高

质量轻

导热快

耐腐蚀

易回收

电磁屏蔽性强

手机、笔记本电脑的外壳大多是由镁合金制造的。

金属钛十分耐腐蚀，就算泡在酸性极强的"王水"中也不会被溶解。

王水

咱俩可没有钛那本事。王水酸性太强，咱俩离远点。

太空中的温差变化较大，很多材料不能用于这种极端的环境。

空间站

那怎么办呀？

不用担心，我们有钛合金。

钛合金是制作火箭发动机、人造卫星壳体，以及宇宙飞船船舱、空间站的最适合的材料，也被称为太空金属。

飞船返回舱

钛合金不怕高温也不怕低温，强度还很高，非常有价值。

不用，打水泥地面对我来说很容易。

需不需要我们帮忙啊？

将沙子和水泥按一比三的比例混合，再加一些水。

这点活儿我一会儿就能干完。

唰！

唰！

终于要干完了。

你怎么出来呀？

啊！我大意了，没想到竟把自己逼到角落里了！

水泥地面彻底干透需要三到五天的时间呢！

1824年，英国人约瑟夫·阿斯谱丁发明了"波特兰水泥"，这种水泥具有优良的建筑性能。

石灰石　黏土　煅烧　水泥

他把石灰石、黏土按一定比例混合，经过煅烧加工后制成了水泥。

第二次世界大战结束之后，同盟国军队用了25吨炸药也没有炸毁德国用钢筋混凝土建造的防空碉堡。

竟然炸不坏！太结实了。

水泥是目前世界上应用最广泛的建筑材料。水泥浆体在硬化后强度很高，能把砂石等材料牢固地胶结在一起。

原始人类居住在天然的洞穴中。

水泥、砂石和水混合的比例很重要，否则达不到想要的硬度效果。

水

砂石

水泥

石器时代的人居住在用土、石头和植物搭起来的棚子中。

水

水泥

砂石

封建社会的人们会用烧制的砖瓦来盖房子。

现在的人们用钢筋和混凝土来建造高楼大厦。

你听过瓷器开片的声音吗？丁零零的，像风铃声一样。

没听过。瓷器为什么会开片？

一种原因是，瓷器在焙烧之后逐渐冷却。

瓷器内外分为胎和釉。

胎土的成分包括氧化硅、三氧化二铝、三氧化二铁，以及氧化钙、氧化钠、氧化镁以及氧化铝等。

胎

釉

釉是由长石、石英、滑石、高岭土等矿物原料的混合物制成的。

在冷却的过程中，胎和釉的收缩程度不一致。釉像一件逐渐变小的衣服一样，被胎撑破就形成了开片。

勒得好紧呀！

胎和釉之间这种微妙的应力作用会持续很长时间。

丁零！

有些瓷器开片会持续几年、几十年甚至上百年。

陶瓷是陶器、瓷器、炻器、砖瓦的统称。陶瓷是中华民族古老文明的象征，中国的陶瓷在世界上久负盛名。

陶器

陶器产生于新石器时代。

釉陶

釉陶在商代已有发现。

瓷器

瓷器产生于东汉时期。

陶瓷经历了由陶器到釉陶再到瓷器的发展过程。唐代的瓷器制作技术已十分成熟，真正进入了瓷器时代。

2007年，南宋沉船"南海一号"被成功打捞出水，沉船中有超过6万件精美的南宋瓷器。

从唐代开始，中国通过海上丝绸之路和陆上丝绸之路向其他国家销售瓷器，中国以"瓷国"享誉于世。

传统陶瓷的主要成分是硅酸盐。

嗨，我们是现代陶瓷。

现代陶瓷的成分包括氧化铝、二氧化锆、氧化硅等。

在传统陶瓷材料的基础上，发展出了精细陶瓷、纳米陶瓷等新型陶瓷材料。高温陶瓷可以做汽车发动机，透明陶瓷可以做眼镜，生物陶瓷可以做人工器官。

传说 3000 多年前，欧洲的几个水手在沙滩上烧火做饭。之后发现锅下面的沙子里出现了一种透明的物质。

天然苏打与石英砂发生化学反应，形成了最早的玻璃。

你看，这种东西竟然是透明的。

还很光滑。

玻璃一定要小心运送！虽然很硬，但是很脆。

放心吧，一路上我都是用棉布垫着的。

好久不见。

玻璃是一种古老的材料，距今约 5000 年的美索不达米亚和距今约 3500 年的古埃及遗迹里，人们都曾发现过玻璃珠。

他们当时也玩弹玻璃球的游戏吗？

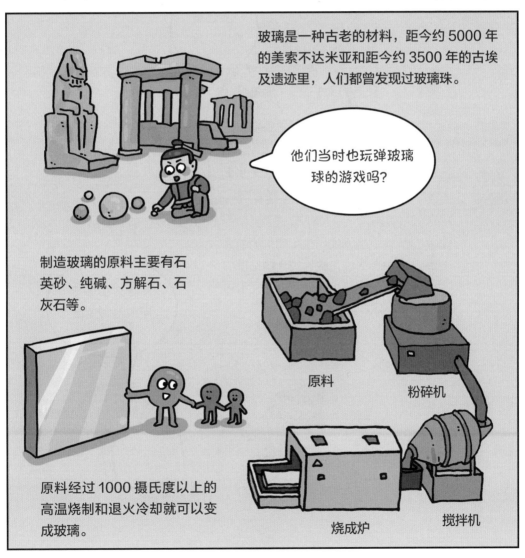

制造玻璃的原料主要有石英砂、纯碱、方解石、石灰石等。

原料

粉碎机

原料经过 1000 摄氏度以上的高温烧制和退火冷却就可以变成玻璃。

烧成炉

搅拌机

人们在日常生活中处处都能看到玻璃材料。

普通玻璃的主要成分是二氧化硅和其他氧化物，随着生产技术的进步，现在出现了功能各异的特种玻璃。

眼镜

玻璃杯　玻璃窗

区域钢化玻璃

我还能看得见路！

破碎后，它使玻璃的视区（司机的前方或玻璃的中部区域）成为较大的玻璃碎片，周边部分为较小的碎片，在视区内仍能保证一定的能见度。

防弹汽车车窗所用的玻璃就是我！

防弹玻璃

复合型材料玻璃，小型武器的子弹不能穿透它。

不碎玻璃

含有半液态塑料薄膜的玻璃受击打后不会碎。

硬质合金强化的玻璃在其上钉钉子或拧螺丝，也不会破碎。

在珀金发明紫色染料以前，西方天然的紫色染料要从一种海螺体内提取。

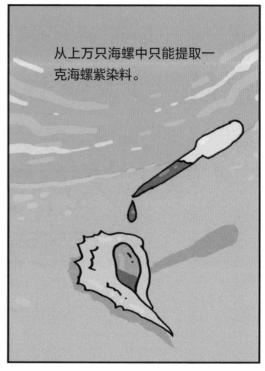

从上万只海螺中只能提取一克海螺紫染料。

这种紫色染料比黄金还要昂贵。

当时只有贵族和王室才能消费得起，所以紫色往往象征着高贵。

珀金发明苯胺紫之后，天然海螺紫染料有了替代品，用它染色的衣服深受人们的喜爱。

英国化学家珀金在合成抗疟疾药物的实验中意外地制造出了世界上第一个合成染料——苯胺紫，这项发明带动了化学合成工业的快速发展。珀金后来成了世界上最富有的科学家之一。

加油！

硫酸

茜素

纯碱

化学材料迎来了高分子时代。

化学工业诞生的初期，人们只能生产纯碱、硫酸、茜素等简单的产品。

越来越多的高分子化合物被合成。

纤维

树脂

橡胶

胶黏剂

18 世纪末，法国人西夫拉克发明了自行车。

当时的自行车轮子是木制的，靠人双脚蹬地前行。

遇到崎岖的路面，自行车颠簸起来让人十分难受。

正在为草地浇水的英国兽医邓洛普看到这种情况后产生了一个想法。

哎呀呀！痛痛痛！

他把橡胶水管剪开粘成环形，安装到自行车车轮上。

非常完美地解决了自行车减震问题。

有了橡胶做的充气轮胎，自行车骑起来更轻松，速度更快。

我的鸡蛋都要颠碎了！

我想吐！

你们晕不晕呀？

想象一下，如果没有橡胶轮胎，那么乘车人的感受会是什么样的？

想象一下，如果没有植物纤维、化学纤维做成的衣服，那么我们会穿什么？

想象一下，如果没有塑料这种材料，有多少种产品无法制造？

相对分子质量是指各个原子的相对原子质量的总和。

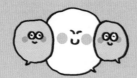

一个水分子由一个氧原子和两个氢原子组成。

氧 16　氢 1

水的相对分子质量是18。

1+1+16=18

一个二氧化碳分子由一个碳原子和两个氧原子组成。

碳 12　氧 16

二氧化碳的相对分子质量是44。

12+16+16=44

我也来称一称。

你也太重了。

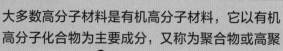

大多数高分子材料是有机高分子材料，它以有机高分子化合物为主要成分，又称为聚合物或高聚物材料。

高分子化合物的特点就是相对分子质量很大。

高分子化合物的相对分子质量可以达到几千甚至几百万。

有机高分子材料的一些特点如下：

有黏结力。

抗腐蚀。

有优良的透光性。

耐磨。

实力强大！

有优良的弹性，可以吸振、防振，还有密封功能。

比金属轻，密度小。

硬度高，有些甚至比金属还硬。

危险动作，请勿模仿。

9000 万年前的一片松林中……

阿嚏！

松树的树脂滴落。

包裹住了一只小昆虫。

树脂被掩埋在地下，在压力和热力的作用下，经过数千万年的时间石化成了琥珀。

琥珀的收藏价值较高，常被制成饰品。如果里面有虫，那就叫虫珀。

我这块虫珀价值好几千。

塑料是一位魔术大师，它在一定温度和压力下可以变成特定的形状，并且在常温下能保持其形状不变。

高温环境

施加压力

看，我从一团塑料变成了一个生活中常用的水桶。

冷却定型

塑料的主要成分是树脂及其他加工过的高分子化合物。

树脂分为两类：天然树脂和合成树脂。

天然树脂

由动植物分泌的无定形有机物质，松香、琥珀和虫胶都是天然树脂。

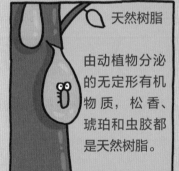

合成树脂

合成树脂是人工通过化学反应生产制造出来的树脂产物。

塑料制品为人们的生活带来了便利，但也给环境带来了污染，全球每年产生的塑料废物达 4 亿吨，质量相当于地球人口的总质量。

塑料是可回收资源，不要浪费。

口香糖和泡泡糖的主要成分是天然橡胶。

天然橡胶对清洁口腔能起到一定作用。

噗！

啪嚓！

哎呀！

你从厕所回来洗手了吗？

没有！

泡泡糖很容易将手里和脸上的细菌带到嘴里，所以不建议儿童吃泡泡糖。

橡胶是一种能发生可逆形变的有弹性的材料。

在外力作用下会发生形变。

当外力去除后能恢复原状。

1770年，英国化学家约瑟夫·普里斯特利发现橡胶能去除铅笔字迹，于是发明了橡皮。

有了橡皮就不怕写错字了。

在制作橡皮时加入油和硫黄等物质，铅笔粉末和橡皮碎屑会一起掉落，橡皮一般还能保持干净。

橡胶树

从树干的伤口处流下了白色的胶乳。

天然橡胶是由橡胶树流出的胶乳经加酸凝聚，并经滚压干燥后制得的。如今，合成橡胶的发展已非常成熟。橡胶得到了广泛应用。

轮胎　　　　电缆外皮　　　　皮筋　　　　雨靴　　　　橡胶手套

多采一些棉花，我们要纺线。

好的。

用去籽机去除棉籽。

用弹棉弓把棉花弹蓬松。

将棉花搓成棉条。

用纺车把棉条纺成棉线。

走，我们去看看他纺了多少线。

你们快来帮帮我呀！

纤维是由连续或不连续的细丝组成的物质，纤维分为天然纤维和化学纤维。

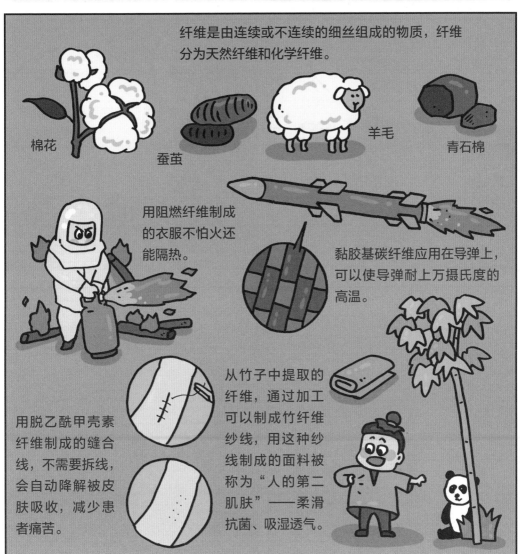

棉花

蚕茧

羊毛

青石棉

用阻燃纤维制成的衣服不怕火还能隔热。

黏胶基碳纤维应用在导弹上，可以使导弹耐上万摄氏度的高温。

用脱乙酰甲壳素纤维制成的缝合线，不需要拆线，会自动降解被皮肤吸收，减少患者痛苦。

从竹子中提取的纤维，通过加工可以制成竹纤维纱线，用这种纱线制成的面料被称为"人的第二肌肤"——柔滑抗菌、吸湿透气。

嗡！

嗡！

嗡！

3D 打印能快速制作出我们想要的产品。前提是在电脑软件里建一个三维数字模型。

还需要建模？那还是很麻烦啊。

建模也不麻烦，现在已经有了手持三维扫描仪。

很快就能得到高精度的三维模型数据。

阿嚏！

刚才对你进行了扫描。

这是 3D 打印的你。

脸好长呀！

3D 打印这种技术是由美国发明家查克·赫尔在 1986 年发明的。通过电脑控制，3D 打印机把打印材料一层层叠加起来，最后得到实物。

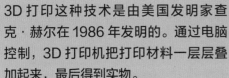

3D 打印材料有很多种：

工业塑料

高分子凝胶

2014 年，3D 打印汽车诞生。

石膏

橡胶

2014 年，3D 打印房屋诞生。

金属

人造骨粉

2015 年，3D 打印血管诞生。

光敏树脂

陶瓷

细胞生物原料

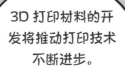

3D 打印材料的开发将推动打印技术不断进步。

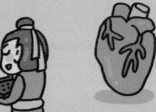

2020 年，3D 打印心脏肌泵模型诞生。

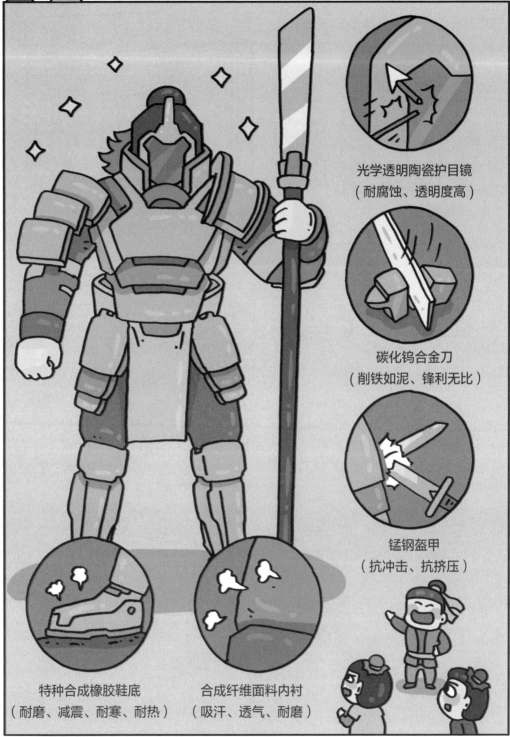

光学透明陶瓷护目镜
（耐腐蚀、透明度高）

碳化钨合金刀
（削铁如泥、锋利无比）

锰钢盔甲
（抗冲击、抗挤压）

特种合成橡胶鞋底
（耐磨、减震、耐寒、耐热）

合成纤维面料内衬
（吸汗、透气、耐磨）

这是我们用多种高科技材料制成的。

一定很贵吧！

价钱是……

价钱是五十六万一千八。

我想要两套……

两套！

您怎么支付？现金还是刷卡？

这么贵，你哪有钱买啊？

我当然没有钱呀。

我是想说要去买两套煎饼馃子！咱俩快撤吧！

拜拜！